市政公用设施建设项目后评价导则

中华人民共和国住房和城乡建设部 发布

中 国 计 划 出 版 社

2010 北 京

图书在版编目（CIP）数据

市政公用设施建设项目后评价导则/住房和城乡建设部标准定额所主编. —北京：中国计划出版社，2010.9

ISBN 978-7-80242-530-9

Ⅰ.①市… Ⅱ.①住… Ⅲ.①城市公用设施-市政工程-项目评价 Ⅳ.①TU99

中国版本图书馆 CIP 数据核字（2010）第 171911 号

市政公用设施建设项目后评价导则

中华人民共和国住房和城乡建设部　发布

☆

中国计划出版社出版

（地址：北京市西城区木樨地北里甲 11 号国宏大厦 C 座 4 层）

（邮政编码：100038　电话：63906433　63906381）

新华书店北京发行所发行

三河富华印刷包装有限公司印刷

787×1092 毫米　1/16　4.25 印张　67 千字

2010 年 9 月第 1 版　2010 年 9 月第 1 次印刷

印数 1—6000 册

☆

ISBN 978-7-80242-530-9

定价：26.00 元

住房和城乡建设部
关于批准发布《市政公用设施建设项目后评价导则》的通知

建标〔2010〕113号

国务院有关部门，各省、自治区住房和城乡建设厅，直辖市、计划单列市建委及有关部门，新疆生产建设兵团建设局：

为加强和改进市政公用设施建设项目的管理，建立和完善市政公用设施建设项目后评价制度，规范项目后评价工作，提高项目决策水平和投资效益，根据《关于印发〈2006年工程项目建设标准、投资估算指标、建设项目评价方法与参数编制项目计划〉的通知》（建标函〔2006〕172号）的要求，由住房和城乡建设部负责编制的《市政公用设施建设项目后评价导则》，经有关部门会审，现批准发布，自2010年10月1日起施行。

本导则的管理和解释工作由住房和城乡建设部负责。

中华人民共和国住房和城乡建设部

二〇一〇年七月二十日

编 制 说 明

《市政公用设施建设项目后评价导则》是根据国家发展改革委和建设部下达的任务，由住房和城乡建设部标准定额研究所组织有关单位和专家共同编制的。

在编制过程中，编制组开展了广泛深入的调查研究，收集了大量资料，在认真总结市政公用设施建设项目后评价经验教训、开展专题研究的基础上，结合市政公用设施建设项目后评价的特点，以《中央政府投资项目后评价管理办法》（试行）为依据，确定了《市政公用设施建设项目后评价导则》的内容。征求意见稿完成后，广泛征求了有关部门、单位及专家的意见，多次召开座谈会讨论，最后召开审查、复审会，会同有关部门审查定稿。

《市政公用设施建设项目后评价导则》由过程评价、效果评价、目标与可持续性评价、后评价结论与建议、后评价的组织管理与实施、后评价常用方法组成。

在《市政公用设施建设项目后评价导则》的使用过程中，请各有关部门和单位注意总结经验，积累资料。如发现需要修改和补充之处，请将意见告住房和城乡建设部标准定额研究所（地址：北京市三里河路9号，邮政编码：100835），以便今后修订时参考。

本导则的主编单位、参编单位和编制组成员：

主 编 单 位：住房和城乡建设部标准定额研究所

参 编 单 位：中国国际工程咨询公司

清华大学

广东省国际工程咨询公司

编制组成员：史富文　刘春林　胡传海　苑志杰　蔚林巍　李素芬

刘　咏　林　艳　秦咸悦　朱　洪　蒋主浮　龚岸桥

二〇一〇年七月

目　　录

市政公用设施建设项目后评价导则

1 总　　则

1.1 为加强市政公用设施建设项目（以下简称“市政项目”）的管理，规范和指导市政项目后评价工作，提高市政项目决策的科学化水平，充分发挥投资效益，根据《中央政府投资项目后评价管理办法》（试行）的要求，制定本导则。

1.2 市政项目后评价是在项目建设完成并投入使用或运营一定时间后，在对项目全过程分析和评价的基础上，将项目实际达到的效果和影响与项目决策时确定的各项目标进行对比，找出差距，分析原因，总结经验教训，提出对策建议，反馈给决策部门，用以提高投资决策水平和投资效益的工作。市政项目后评价也可以针对市政项目建设的某一问题进行专题评价。

1.3 本导则适用于政府投资的市政供水、排水、供热、燃气、垃圾处理、城市轨道交通、城市道路、园林绿化等专业建设项目的后评价工作。其他资金来源的市政项目，可根据项目具体情况参照本导则执行。

1.4 市政项目后评价应考虑市政项目的公共性、公益性、服务性、规划符合性、政府指导性、关联性等特点。

1.4.1 公共性。市政项目的服务对象是普通社会公众，具有较强的社会影响和较高的社会关注度，后评价时应注重其社会公平和环境影响。

1.4.2 公益性。市政公用设施是为了满足社会的某种需要，是为社会服务的产物，其服务不以盈利为目的，主要是增进社会公众福利，后评价时应注重项目的社会效益。

1.4.3 服务性。项目建设目标是为城市提供基础设施产品和服务，其最终目标是增加或提供一定服务功能，形成具有一定使用价值的固定资产，后评价时应重点关注项目的群众满意度目标是否实现。

1.4.4 规划符合性。市政项目是在城市总体规划与专项规划的指导下建设的，项目的建设规模既要满足城市近期需要，又要考虑经济社会中长期发展的要求。

1.4.5 政府指导性。市政项目主要是政府投资，政府是市政公用事业的责任主体，对市政公用事业实施行业监管和以政府指导价或政府定价为核心的规制。市政项目可分为经营性项目和非经营性项目。经营性项目是指项目实体实行自主经营、自负盈亏的项目，或因政策性原因，难以补偿项目运营成本、回收投资，需要政府给予部分运营补贴的项目，此类项目一般采取市场定价的规制；非经营性项目是指不实行收费，全部由政府投资建设，并给予全部运营补贴的项目，此类市政项目无直接财务收入，一般采取政府指导价或政府定价的规制。

1.4.6 关联性。市政项目具有网络效应、规模经济效益和集合影响，单个项目评价往往不能完整反映项目之间的关联效益和关联成本。从区域容量或区域规划的角度，对项目群进行综合分析，有利于优化资源配置、降低不利影响、统筹建设时序和明确投资重点。

1.5 市政项目后评价应遵循独立、公正、客观、科学的原则；评价过程要透明，评价资料要真实可信。

1.6 市政项目后评价的内容包括过程评价、效果评价、目标与可持续性评价、后评价结论与建议等。

2 过程评价

2.1 市政项目过程评价是对评价时点之前的各个阶段在回顾的基础上，确认整个项目建设过程是否按计划实施，分析项目过程中发生的偏离和原因及其对项目实施效果产生的影响，对项目实施全过程的管理水平和工作质量作出评价。

2.2 市政项目过程评价可分为项目前期决策阶段评价、项目准备阶段评价、项目建设实施阶段评价和项目运营阶段评价。

2.3 项目前期决策阶段评价回顾的主要内容包括项目建议书的编制、评估和批复，项目可行性研究报告（或资金申请报告）的编制、评估和批复，以及其他报批手续。

2.3.1 项目建议书的编制。主要内容包括对项目建设的必要性、拟建地点、拟建规模、投资估算、资金筹措、经济效益和社会效益等方面的分析；报告编制单位的选择方式和资质等。

2.3.2 项目建议书的评估。包括对项目建议书的评估意见和主要结论，评估单位的选择方式和选择程序，评估单位的资质等。

2.3.3 项目建议书的批复。包括对建设内容、建设规模、投资估算和资金筹措及其他前期工作等内容的审批意见。

2.3.4 项目可行性研究报告的编制。主要内容包括项目在技术和经济上的必要性、合理性和可行性，社会效益、节能和资源综合利用、生态环境影响的分析论证，建设和运行保障条件的落实；报告编制单位的选择方式和资质等。

2.3.5 资金申请报告。主要内容包括项目单位的基本情况、建设项目的基本情况、申请资金的主要原因、有关建设资金的落实情况，以及审批部门要求提供的其他内容等。

2.3.6 项目可行性研究报告（或资金申请报告）的评估。包括对项目可行性研究报告（或资金申请报告）主要内容的评估意见和主要结论，评估单位的选择方式和选择程序，评估单位的资质等。

2.3.7 项目可行性研究报告（或资金申请报告）的批复。包括对可行性研究报告、资金申请报告主要内容的审批意见等。

2.3.8 其他报批手续。包括规划许可、环境保护、土地使用、资源利用等前期重要手续的相关报告，承办单位及批复文件等。

2.4 项目前期决策阶段的评价要点：

1. 前期决策工作的合规性。对项目建议书、可行性研究报告（或资金申请报告）的编制及评估工作的合规性评价。

2. 决策结论的科学性和合理性。对项目建议书、可行性研究报告（或资金申请报告）批复结论的科学性和合理性的评价，批复内容如有变化，需进行合理性分析。

3. 报告的质量。对项目建议书、可行性研究报告（或资金申请报告）、评估等报告内容的完整性、深度及合理性的评价。

4. 单位资质的合规性。对项目建议书、可行性研究报告（或资金申请报告）的编制和评估等相关单位资质合规性的评价。

5. 资料的完整性。对项目前期决策阶段资料管理工作的评价。

2.5 项目准备阶段评价回顾的主要内容包括项目勘察，项目初步设计的编制、审查和批复，项目招投标、资金筹措方案、开工准备等。

2.5.1 项目勘察。主要内容包括勘察方案、勘察目的、技术标准和任务、场地水文地质条件、工程地质条件、抗震设计条件、地基方案建议、勘察结论与设计建议；勘察单位的选择方式和选择程序；勘察单位的资质等。

2.5.2 项目初步设计的编制。主要内容包括项目建设条件、建设内容、工程规划设计、施工组织、工程实施与管理、投资概算、效益分析；设计单位的资质等。

2.5.3 项目初步设计的评审。包括对项目初步设计主要内容的审查意见和主要结论，审查单位的选择方式，审查单位的资质等。

2.5.4 项目初步设计的批复。包括对建设内容、建设规模、总概算、工期等内容的审批意见。

2.5.5 项目招投标。包括业主招标时所具备的条件，招标方案及其报备手续，招投标过程的监督机制，招投标效果；招标单位或代理机构的资质等。

2.5.6 项目资金筹措方案。包括融资模式，风险管理与防范，融资方案的比选等。

2.5.7 项目开工准备。包括项目法人的组建、土地征购及拆迁安置、必要的材料设备准备、施工组织设计、施工图设计、工程进度计划、资金使用计划、建设规划许可、施工许可、开工报批等。

2.6 项目准备阶段的评价要点：

1. 单位资质的合规性。对勘察、初步设计编制、初步设计评审、招投标、施工、监理等单位资质合规性的评价。

2. 准备工作的质量。对勘察、初步设计编制、初步设计评审、招投标等工作内容的完整性、深度及合理性的评价。

3. 程序的完整性和合规性。对勘察、设计、招投标、开工等准备工作手续完整性和合规性的评价。

4. 批复意见的合理性。对初步设计、招投标等审批意见的合理性的评价。

5. 资料的完整性。对项目准备阶段资料管理工作的评价。

2.7 项目建设实施阶段评价回顾的主要内容包括工程建设管理、项目合同管理、工程项目控制、项目资金到位和使用、设计变更和变更设计、工程监理、项目试运行、项目竣工验收。

2.7.1 工程建设管理。包括组织管理机构、管理制度和管理水平等。

2.7.2 项目合同管理。包括合同文本的合规性、合同的执行情况等。

2.7.3 工程项目控制。包括投资、进度、质量、安全等控制目标，控制措施及执行效果，对项目效益效果的影响等。

2.7.4 项目资金到位和使用。包括资金来源结构及其对融资成本的影响，资金到位及其对工程进度的影响，资金支付管理制度及执行情况等。

2.7.5 设计变更和变更设计。包括变更的主要内容与原因，重大变更的报批手续，引起的资金变化，对项目建设实施及效益效果的影响等。

2.7.6 工程监理。包括工程监理的人员配备、组织机构、监理措施、履行职责情况等。

2.7.7 项目试运行。包括项目运行及管理的组织机构、运行制度、技术及管理操作文件、定岗定编以及人员的招聘与培训、运行费用及条件的落实、主要设施和设备的调试运转、项目运行外部条件的配套、试运行时间及效果等。

2.7.8 项目竣工验收。包括工程单项验收，环保、消防、安全、档案等专项验收，竣工决算与审计情况，整体工程竣工验收，遗留问题的处理措施等。

2.8 项目建设实施阶段的评价要点：

1. 合同的执行和管理效果。
2. 投资控制措施与效果。
3. 进度控制措施与效果。
4. 质量控制措施与效果。
5. 监理工作效果。
6. 卫生、安全、环境控制措施与效果。
7. 资金到位的适时性和支付管理程序的合规性。
8. 组织机构和管理制度的科学性和合理性。
9. 档案资料完整性和管理工作的规范性。

10. 试运行准备工作的充分性。

11. 竣工验收程序的合规性。

2.9 项目运营阶段回顾与总结的主要内容，包括项目生产能力和技术水平、项目的经济效益及效果、项目运营管理、项目的环境影响、项目的社会效益及影响。

2.9.1 项目生产能力和技术水平。包括设计能力的实现程度及其原因分析，项目设施和设备运行负荷情况及其原因分析，工艺、技术和装备的先进性和适用性，市政项目的使用情况，项目设备和配套设施运行情况，设备国产化程度，资源、能源合理利用情况等。

2.9.2 项目的经济效益及效果。包括项目的财务收入和费用分析、财务效益分析、经济效果分析等。

2.9.3 项目运营管理。包括运营管理组织机构的设置，行政和技术管理规章制度的制定情况，人力资源的管理及配置情况，设备维修养护制度及执行情况、维护费用的资金安排等。

2.9.4 项目的环境影响。包括项目单位环境保护管理的规范性、环境设施运行的稳定性、各类污染物排放的达标性分析等。

2.9.5 项目的社会效益及影响。包括项目对区域经济社会发展的影响、对当地居民生活影响状况等。

项目运营阶段的评价要点参考本导则“效果评价”部分。

3 效果评价

3.1 市政项目效果评价是在过程评价的基础上，对项目实施的效果作出全面分析评价，并为项目目标与可持续性评价提供依据。

3.2 市政项目效果评价内容可分为技术评价、经济评价、运营管理评价、环境影响评价和社会评价。

3.3 技术评价的主要内容包括项目技术选择、项目产能及功能目标实现程度、项目资源利用效果、项目其他技术指标分析。

3.3.1 项目技术选择。包括场址、工艺路线、技术方案和设备选择的合理性等。

3.3.2 项目产能及功能目标实现程度。包括项目产出提供的服务规模和能力指标等。

3.3.3 项目资源利用效果。包括节能、减排、节水效果指标等。

3.3.4 项目其他技术指标分析。包括技术安全、新技术、新工艺应用效果指标等。

3.4 经济评价的主要内容包括项目财务分析、项目经济分析。对经营性市政项目，主要评价内容包括项目财务分析、项目经济分析。对非经营性市政项目，主要评价内容包括投资分析和运营成本分析、项目经济分析。

3.4.1 项目财务分析。包括项目投资分析、运营成本分析、收入分析、财务持续能力分析、项目现金流量分析。评价指标包括投资、财务成本、项目运营财务收支比、项目运营自偿率、项目投资财务效益等指标。其中：

1. 项目运营财务收支比 = 项目当年总现金收入/项目当年总现金支出

2. 项目运营自偿率 = 项目年均财务收入/项目年均总成本费用

3. 项目投资财务效益指标可采用财务内部收益率（*FIRR*）和财务净现值（*FNPV*）变化率表示：

$$FIRR_{变化率} = FIRR_1 / FIRR_0$$

$$FNPV_{变化率} = FNPV_1 / FNPV_0$$

$FIRR_1$和$FNPV_1$是指后评价测算值，$FIRR_0$和$FNPV_0$是指经批复的可行性研究报告或初步设计给出的数值。

3.4.2 项目经济分析。项目经济分析指标包括项目投资经济内部收益率

（*EIRR*）和经济净现值（*ENPV*）变化率、效果费用比率指标。

$EIRR_{变化率} = EIRR_1 / EIRR_0$

$ENPV_{变化率} = ENPV_1 / ENPV_0$

$EIRR_1$和$ENPV_1$是指后评价测算值，$EIRR_0$和$ENPV_0$是指经批复的可行性研究报告或初步设计给出的数值。

项目费用效果分析指标可采用效果费用比率表示。

$R_{E/C} = E/C$

其中，$R_{E/C}$指效果费用比率，E指项目投资效果，C指项目总投资费用。

3.5 运营管理评价的主要内容包括组织管理、档案资料管理、运行与安全管理、人员管理、服务质量管理等。

3.5.1 组织管理。包括项目运营期间的组织机构、管理体制、运营机制、规章制度及经费落实等方面的情况。

3.5.2 档案资料管理。包括工程项目档案及运营资料的完整性和准确性等。

3.5.3 运行与安全管理。包括运营服务安全和风险管理、突发事件和事故处理能力、项目设施设备利用效率和维修保养状况等。

3.5.4 人员管理。包括员工学习及成长、人力资源状况、劳动生产率、服务成本、员工培训人数百分比等。

3.5.5 服务质量管理。包括项目的服务质量状况、服务质量信息反馈与处理机制、服务对象的满意度等。

3.6 环境影响评价的主要内容包括污染物的排放控制、资源综合利用、环保措施的落实、对生态环境的影响等。

3.6.1 污染物的排放控制。包括废气、废水、垃圾、噪声等排放控制指标。

3.6.2 资源综合利用。包括对水资源、土地资源等自然资源的综合利用。

3.6.3 环保措施的落实。包括对项目环境影响评价文件确定的环保措施是否落实、处理措施是否达到预期效果、项目施工和运营期间对环境所造成的实际影响等。

3.6.4 对生态环境的影响。包括对大气环境、气候、水土保持、生物多样性的影响等。

3.7 社会评价的主要内容包括项目的社会效益及社会影响效果。

3.7.1 项目的社会效益。包括项目对区域经济发展和区域均衡发展的贡献，项目对当地居民生活质量改善目标的实现程度，项目对创造就业机会目标的实现程度等。

3.7.2 社会影响效果。包括项目引起的征地拆迁，移民安置的落实情况，公众对项目决策的参与度，公众对项目效果的满意度等。

4 目标与可持续性评价

4.1 市政项目目标评价，是在对项目全过程回顾和总结的基础上，根据项目所达到的实际效果，对照项目决策时确定的目标进行评价。

目标评价包括项目目标的适宜性评价和实现程度评价。

4.1.1 项目目标的适宜性评价，包括对项目目标的确定是否合理、准确，项目建设的必要性是否充分，宏观和微观目标的明确程度等进行评价。

4.1.2 项目目标的实现程度评价，包括对工程目标、技术目标、经济目标、影响目标等方面进行评价。

1. 工程目标。包括对工程建设规模、工程质量、设备设施的运行状况等是否达到初步设计文件批复的要求进行评价。

2. 技术目标。包括对项目技术水平、设施和设备的主要技术指标、实际形成能力等是否达到决策目标进行评价。

3. 经济目标。包括对经济分析及财务分析主要指标、运营成本、投资效益等是否达到决策目标进行评价。

4. 影响目标。包括对项目实现的社会经济影响、项目对自然资源综合利用和生态环境的影响以及对相关利益群体的影响等是否达到决策目标进行评价。

4.2 市政项目的可持续性评价，是在当前经济社会环境条件下，根据项目现有的信息和资料，对项目在后评价时点之后的可持续发展能力进行预测评价。

市政项目可持续性评价包括对影响项目运行的内部因素和外部条件两方面进行分析和评价。

4.2.1 内部因素。包括对项目的技术水平、能耗及环保水平、人才素质、财务状况、组织运营管理水平等进行分析和评价。

4.2.2 外部条件。包括对政策、城市发展规划、市场需求、政府行业监管、定价机制、自然资源、生态环境、资金来源、技术进步等进行分析和评价。

5 后评价结论与建议

5.1 市政项目后评价结论包括判定结果和经验教训。

5.1.1 判定结果。判定结果是在过程评价、效果评价、目标与可持续性评价的基础上，对项目进行综合评价，得出客观的结论。

5.1.2 经验教训。经验教训是在对项目决策、实施和运营过程中的成功做法及存在的主要问题进行分析和评价的基础上，总结成功经验和失败教训，提出有借鉴意义的意见。

5.2 对策建议是在给出评价结论的基础上，从完善已建项目、指导拟建项目的目的出发，提出可操作和具有指导意义的意见和建议。对策建议宜从项目、企业、行业、宏观几个层面提出。

6　后评价的组织管理与实施

6.1　市政主管部门负责市政项目后评价的组织管理工作，并由其委托具备相应咨询资质的工程咨询机构承担市政项目后评价任务。

6.2　市政项目后评价组织管理工作的主要内容包括编制后评价工作计划、确定后评价项目、下达后评价任务、选择工程咨询机构并委托后评价工作、组织后评价成果验收。

6.2.1　编制后评价工作计划。研究制定市政项目后评价工作计划，包括明确后评价的目的和要求、选择后评价项目的范围、项目的数量、完成时间以及成果验收方式等。

6.2.2　确定后评价项目。根据后评价工作计划确定后评价项目，并制定出具体的后评价实施方案和进度、费用要求。

6.2.3　下达后评价任务。将项目后评价工作计划下达有关项目主管单位或项目单位；项目单位应在规定时间内，向市政主管部门报送项目自我总结评价报告。

6.2.4　选择工程咨询机构并委托后评价工作。项目单位完成自我总结评价报告后，市政主管部门根据后评价工作计划，采取公开招标或直接委托的方式，选择具备相应咨询资质的工程咨询机构承担后评价工作，并向选定的工程咨询机构发出委托书，双方签订委托合同。

6.2.5　组织后评价成果验收。制定后评价成果的验收方式、验收标准，对成果进行验收。

6.3　项目单位的工作主要包括编写自我总结评价报告，与承担后评价任务的工程咨询机构商定实地调研计划，协助和配合工程咨询机构开展实地调研等工作。

6.3.1　编写自我总结评价报告。收到市政主管部门下发的后评价工作计划后，按要求在规定时间内完成自我总结评价报告的编写，并提交市政主管部门。

6.3.2　与承担后评价任务的工程咨询机构商定实地调研计划。市政主管部门选定承担后评价工作的工程咨询机构后，项目单位与工程咨询机构共同商定现场调研计划。

6.3.3　协助和配合工程咨询机构开展实地调研工作。在工程咨询机构进行项目现场调研期间，安排调研、座谈、收集资料等工作。

6.4 承担项目后评价的工程咨询机构，其主要工作包括组建项目后评价工作组、制定工作大纲，编制调研方案、组建专家组，开展实地调研，撰写后评价报告。

6.4.1 组建项目后评价工作组，制订工作大纲。工程咨询机构根据委托任务书，明确项目经理，并组建项目后评价工作组，同时根据项目特点和具体评价要求，制定工作大纲。

6.4.2 编制调研方案、组建专家组。项目后评价工作组根据项目的具体情况和特点，编制项目调研方案，聘请相关专家，组建专家组。

6.4.3 开展实地调研。包括收集资料、现场调研座谈及走访、问卷调查等工作。

6.4.4 撰写后评价报告，完成后提交市政主管部门。

6.5 市政主管部门应将后评价成果反馈给相关单位和部门。

7 后评价常用方法

7.1 市政项目后评价常用方法包括逻辑框架法、调查法、对比法、专家打分法、综合指标体系评价法、成功度评价法等。

7.2 逻辑框架法是一种概念化论述项目的方法，它运用逻辑学原理建立逻辑框架，对工程项目的相关要素进行逻辑分析，用简单的框图深入阐析复杂项目的内涵和关系，是一种综合、系统地研究和分析问题的思维框架模式。

7.3 调查法是指为了达到设想的目的，有计划地、系统地收集有关研究对象某一方面情况的各种材料，并进行综合分析与处理，得到某一结论的研究方法。调查法包括“资料查阅”、“问卷调查”、“专家调查”、“访谈”及“现场调研”。

7.4 对比法是将项目可行性研究报告批复的结论和初步设计确定的技术经济指标，与项目后评价时点的评价结果进行对比，用以发现项目变化并分析其原因的评价方法。对比法包括“前后对比”、“有无对比”和“横向对比”。

7.5 专家打分法是由组织者就评价对象设计评价表，通过征询、反馈和调整有关专家的意见，对专家意见进行统计、处理、分析和归纳，进而获得评价结果的评价方法。

7.6 综合指标体系评价法，是在各专项评价基础上进行综合分析，提出结论性意见，并为决策者提供简明直观判断依据的评价方法。

7.7 成功度评价法，是指对比前期决策阶段所确定的目标和项目实施的结果，分析其差别，从而评价项目效果实现程度的方法。项目成功度评价主要依靠评价专家或专家组的经验，综合各项指标的评价结果，对项目的成功度作出定性的结论。

市政公用设施建设项目
后评价导则

条 文 说 明

1 总　　则

1.1 编制目的

根据国家发展和改革委员会发布的《中央政府投资项目后评价管理办法》（试行）（发改投资〔2008〕2959号）文件第二十一条："各行业主管部门和各级地方政府投资主管部门可参照本办法，制定本部门、本地区的政府投资项目后评价实施办法和细则"的规定，结合市政行业的特点和具体情况，制定本导则。本导则的编制参考了《中央企业固定资产投资项目后评价工作指南》（国资发规划〔2005〕92号）。

1.2 市政项目后评价概念

概念中"在项目建设完成并投入使用或运营一定时间后"，是指评价时点，市政主管部门可根据市政项目的特点和具体情况来确定评价时点。

1.3 适用范围

政府投资的市政项目，适用本办法。

政府投资，是指在中华人民共和国境内使用政府性资金进行的固定资产投资活动。政府性资金包括：财政预算内投资资金，各类专项建设基金，国家主权外债资金，其它政府性资金。根据资金来源、项目性质和调控需要，政府投资可分别采取直接投资、资本金注入、投资补助、转贷、贴息等方式。

1.4 项目特点

1.4.5 "政府指导价"是指依照《中华人民共和国价格法》规定，由政府价格主管部门或者其他有关部门，按照定价权限和范围规定基准价及其浮动幅度，指导经营者制定的价格。是由县级以上各级人民政府物价部门，业务主管部门按照国家规定权限，通过规定基准价和浮动幅度，最高限价和最低保护价等，指导企业制定的商品价格和收费标准。

"政府定价"是指依照《中华人民共和国价格法》规定，由政府价格主管部门或者其他有关部门，按照定价权限和范围制定的价格。政府定价目录随着市场经济的日益发展及时进行调整。目前我国政府定价目录分为中央定价目录、地方定价目录两级。凡是列入定价目录的商品和服务项目，其价格的制定和调整均由目录中规定的政府部门统一负责。凡未列入定价目录的商品和服务项目，由经营者自主定价。

1.5 原则与要求

1．独立。指后评价过程中不受项目决策者、管理者、执行者和前评估人员的影响。参加项目前期工作和建设实施工作的单位不能承担本项目后评价任务。

2．公正。公正性可以保证后评价的正确、可靠，可以保证参与评价工作者的信誉，避免作出不客观的评价结论。

3．客观。市政项目后评价过程需要客观公正、全面系统，防止主观片面。评价过程透明度越大越好，因为透明度越大，了解和关注后评价的人也就越多，这样便于更多的单位和个人在自身的工作中借鉴过去的经验教训。

4．科学。评价所用资料要真实可信，评价方法要科学，评价口径要一致。市政项目后评价需要定性分析和定量分析相结合，定量分析是对建设项目影响效果中能直接或间接量化的部分进行定量计算和分析；定性分析则是对不能量化的部分进行定性的分析和评价。

2 过 程 评 价

2.1 评价要求

市政项目过程评价，是项目后评价的重要基础。只有在此基础上，才能实现对项目效果、目标与可持续性，以及综合评判的客观、科学的分析与评价。

市政项目过程评价，是对项目开展后评价时点以前的全过程所进行的回顾与评价，以前期决策时所确定的技术、经济、环境、社会等目标为重点，对比项目实际执行效果，进行系统客观的分析与总结。

对市政项目过程评价的目的是：揭示项目建设过程中，是否在工程质量、进度、造价、安全等方面达到了设计目标，并回顾项目管理过程，包括组织机构、前期准备、招投标、施工管理等，为项目效果评价、目标与可持续性评价提供基础和保证；同时通过对项目过程的回顾与总结，找出项目实施过程中发生的变化，尤其是项目发生的重大设计变更或变更设计，以及项目存在的主要问题，从而对其进行分析，总结出项目实施的主要经验和教训，并针对项目决策、实施建设到运营各阶段所反映出来的问题，提出相应的对策建议，使项目更有效地实现其预期目标，更好地发挥效益；帮助处于困境的项目找到新的转机，为主管部门提供再决策的依据；同时，评价工作也可起到对项目建设监督和检查的作用。

2.2 评价内容

项目周期可以划分为四个阶段：项目前期决策阶段、准备阶段、建设实施阶段、运营阶段。如图 2－1 所示。

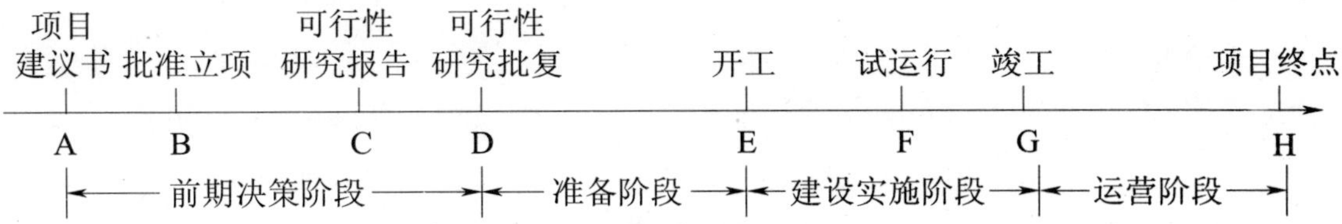

图 2－1 项目周期阶段划分

因此，根据项目周期的划分，过程评价也可以分为四个阶段的评价。

2.3 项目前期决策阶段的回顾

政府投资项目实行审批制。根据资金来源、项目性质和调控需要，政府投资可分别采取直接投资、资本金注入、投资补助、转贷、贴息等方式。

采用直接投资、资本金注入方式的投资项目，应当审批项目建议书、可行性研究报告。以投资补助、转贷、贴息的方式安排政府投资资金的，应当审批资金申请报告。其中，以转贷方式安排国家主权外债资金的，由国务院投资主管部门审批资金申请报告。

1．项目建议书。项目建议书是项目建设筹建单位或项目法人，根据国民经济的发展、国家和地方中长期规划、产业政策、生产力布局等条件，提出的某一具体项目的建议文件。它要从宏观上论述项目设立的必要性和可能性，要对拟建项目提出框架性总体设想。项目建议书是项目发展周期的初始阶段，是国家选择项目的依据，也是可行性研究报告的依据。

项目建议书应当对项目建设的必要性、拟建地点、拟建规模、投资估算、资金筹措以及经济效益和社会效益进行初步分析，并附相关文件资料。按规定应组建项目法人的，应当附法人组建初步建议。

2．可行性研究报告。项目可行性研究报告应根据国家或主管部门的相关文件进行编制，按国民经济和社会发展总体规划、行业或地区发展规划及国家的产业政策、技术政策的要求，对拟建项目的技术、工程、环保、经济、社会等方面的合理性和可行性，在项目建议书基础上进行进一步论证，为项目决策提供可靠的依据和可行的建议。可行性研究是建设项目前期工作的重要内容，是建设程序中的重要组成部分。

可行性研究报告的编制工作宜在项目建议书批准后进行，应委托具有相应资质的工程咨询机构负责。可行性研究报告应当对项目在技术和经济上是否必要、合理、可行以及社会效益、节能和资源综合利用、生态环境影响等进行全面分析论证，落实各项建设和运行保障条件，按有关规定取得相关单位的许可、承诺、证明或者评估意见。按规定应组建项目法人的，应当附法人组建方案。

一般情况下项目可行性研究报告应经过有相应资质的中介机构进行评估后，才能报请批复，项目可行性研究报告批复是项目投资决策部门对项目所作的最终决策。经批准的可行性研究报告是确定建设项目、进行初步设计的依据。可行性研究报告经批准后，项目单位应当选择具有相应资质的设计单位，依照批准的可行性研究报告进行初步设计。

3．资金申请报告。资金申请报告应当包括项目单位的基本情况、建设项目的基本情况、申请资金的主要原因、有关建设资金的落实情况，以及审批部门要求提供的其他内容。资金申请报告应根据项目投资管理方式的不同，分别附上相应的项目审核文件，包括可行性研究报告批准文件、项目申请报告核准文件或者项目备案文件等。

2.5 项目准备阶段的回顾

项目准备阶段是指项目可行性研究报告获得批复到项目开工前这段时间。本阶段的各项主要工作需按项目可行性研究报告批复文件要求进行。

2.5.2 项目初步设计回顾的重点：设计的深度与质量，设计优化与服务，业主设计管理与协调等。

2.5.5 项目招投标回顾的重点：招标组织方式、招标形式、范围、手续、效果；招投标程序的合规性和合法性，竞争力度。

2.5.7 项目开工准备回顾的重点：施工场地准备（含：征地、拆迁、四通一平、供水、供电等）、开工手续（含：环评批复、土地规划许可及土地许可手续、消防、卫生、安全等相关许可手续）、施工图设计、项目建设管理机构、建设资金筹措等。

2.7 项目建设实施阶段的回顾

项目建设实施阶段是指项目取得开工许可证、正式开工后，直到项目建成并经过试运行完成竣工验收的这段时间。

项目建设实施阶段是项目周期中完成工作量最大、资源消耗最多的阶段。这个阶段要根据项目工作计划进行组织协调，加强对各类合同的执行与监督，对项目实施过程进行动态管理，通过专门的管理机构对项目的进度、工程质量、资金的使用及造价、施工安全等进行控制和管理，以确保项目工程质量能得到有效控制，按期建成。并通过项目的试运行，工程档案资料的管理等进行项目的竣工验收。

2.9 项目运营阶段回顾与总结

项目运营阶段是指项目建成后投入生产运营直至项目终结的这段时间。

3 效果评价

3.1 市政项目效果包括项目的产出和运营的直接效果，以及所引发的外部效果。市政项目效果评价建立在对项目实施全过程回顾总结的基础上，其评价结论是项目目标与可持续性评价的依据。市政项目效果评价是项目后评价的主要内容。

3.2 评价内容

市政项目效果评价内容之所以分为技术评价、经济评价、运营管理评价、环境影响评价和社会评价五个方面，主要是考虑了市政项目的特点，同时也为了与《中央政府投资项目后评价管理办法》（试行）的内容相对应。其中社会评价部分主要考虑了社会效益和社会影响，属于狭义的社会评价范畴，这是为了与目前市政项目可行性研究的深度相对应。

3.3 技术评价

为了进一步突出技术评价的内容和关键指标，技术评价进行了四个方面的划分：如项目技术选择、工艺路线和方案、设备的选择；项目产能或功能目标及其达成水平指标；项目资源节约情况及其效果分析，包括节能、节水等效果指标；项目其他技术分析指标等。

不同类型的市政项目应根据项目的具体特点选取指标。通过问卷调查、专家调查等方式，建议技术评价的指标如下：

1. 供水项目：最大供水量、供水范围、能耗及单位能耗、药耗及单位药耗、源水水质、供水水质、供水水压、制水成本、设备运行效率及检修率等。

2. 排水项目：最大处理污水量、服务范围、能耗及单位能耗、药耗及单位药耗、进水水质、出厂水质、污泥处理效果、管网收集率、设备运行效率及检修率等。

3. 供热项目：供热面积、供热量、管网长度、热能利用效率、单位耗煤量、单位耗气量、单位耗电量、失水率、运行调节方式、热网循环流量、供热介质参数、地热供热方式的耗水量与回灌、设备运行效率及检修率等。

4. 燃气项目：供气规模、管网总储气能力、管网总配气能力、储气调峰量、供气能力、年供气量高月高日供气量、居民生活用气气化率、人均能耗指标，单位（万立方米或万户）门站、储配站、调压站箱数量，管线长度、生产配套设施建设面积、设备运行效率及检修率等。

5．垃圾处理项目：工程建设规模、场址选择、资源消耗、垃圾特性、绿化面积、占地面积、建筑面积、工艺路线、垃圾处理运行费、项目总投资、安全措施、主要设备及运行效率、能源利用情况等。

6．城市道路项目：通行能力、设计车速、安全度、交通安全管理设施配置率、防灾等级、路的等级、路宽、绿化情况、桥梁结构、使用年限等。

7．轨道交通项目：客运量、最大运输能力、运行速度、防灾等级、原材料和设备国产化率、交通转换时间及转换距离、方案选型、客流预测、线路选择等。

8．城市绿化项目：绿化覆盖改善率、绿化面积、吸收有害气体量、释放O_2量、水循环利用等。

以上指标是经过专家调研得到的，可作为推荐性指标使用。评价指标在实际评价工作中应结合具体项目的特点适当选取确定，也可以是以上未列出的指标。

项目技术评价应在项目技术指标选择的基础上进行分析，作出评价（参见表3－1）。技术评价结果既可采用由专家直接汇总的方法得出，也可通过专家打分法给出结果。

表3－1　项目技术评价汇总表

项　　目	预期目标或指标要求	实际达成情况	评价结果	说明
项目技术选择				
项目产能及功能目标实现程度				
项目资源利用效果				
项目其他技术指标				
综合评价	—			

3.4　经济评价

经济评价包括项目财务分析和经济分析。财务分析是对项目财务收支情况和财务效益进行评价。经济分析是对项目的外部经济效益及效果进行评价。

非经营性市政项目因为无直接财务收入，故只需进行项目投资分析和运营成本分析、项目经济分析。

3.4.1 项目财务分析

项目投资、运营成本和收入分析应主要对项目的关键财务指标及其变化情况进行分析说明，可采用对比法就项目不同阶段的指标变化情况进行对比分析。例如对比项目可行性研究报告、初步设计和后评价指标数值，对差异做出说明，如表3－2所示。

表3－2 项目主要财务效益或经济效果指标对比及说明表

项　　目	单位	可行性研究报告	初步设计	后评价值	变化值或变化率（%）	原因分析及说明
总投资	万元					
销售收入	万元					
总运营成本费用	万元					
工期	月					
投资回收期	年					
FIRR	%					
FNPV	万元					

1．项目运营财务收支比指标可以反映项目当年总现金收入与项目当年总现金支出之间的大小关系：当项目运营财务收支比 >1，说明项目当年总现金收入大于项目当年的总现金支出，项目无需政府补贴就能够维持正常的财务运营；当项目运营财务收支比 <1，说明项目当年总现金收入小于项目当年的总现金支出，项目必须依靠政府补贴才能够维持正常的财务运营，该比例愈小，表明项目需要的政府补贴额愈大。

维持项目正常的财务运营所需的政府补贴额 =（1 − 项目运营财务收支比）× 项目当年总现金支出

2．项目运营自偿率指标反映项目的财务收益与财务成本费用之间的大小关系：当项目运营自偿率 >1，说明项目当年财务收益大于项目当年的总财务成本费用，项目无需政府补贴就能够自负盈亏和维持正常的财务持续运营；当项目运营自偿率<1，说明项目当年财务收益小于项目当年的总财务成本费用，项目必须依靠政府补贴才能够实现自负盈亏，该比例愈小，表明项目实现自负盈亏需要的政府补贴额愈大。

3. 项目财务内部收益率（*FIRR*）或财务净现值（*FNPV*）的变化率是基于后评价时点重新测算的 *FIRR* 和 *FNPV* 相对于可行性研究报告或初步设计中的 *FIRR* 和 *FNPV* 值的变化幅度大小。变化幅度越大，表示项目建成后与可行性研究报告或初步设计的预期差异越大。

3.4.2 项目经济分析

项目经济内部收益率（*EIRR*）或经济净现值（*ENPV*）的变化率是基于后评价时点重新测算的 *EIRR* 和 *ENPV* 相对于可行性研究报告或初步设计中的 *EIRR* 和 *ENPV* 值的变化幅度大小。变化幅度越大，表示项目建成后与可行性研究报告或初步设计的预期差异越大。

费用效果分析中效果 *E* 可采用能够反映项目经济效果的量化产出指标，如能力、范围、受益人数等，费用 C 可采用能够反映项目投入的费用指标。

3.5 运营管理评价

运营管理评价的内容按照影响组织运营绩效的五个方面进行分析：组织管理、档案资料管理、运行与安全管理、人员管理、服务质量管理。由于不同类型项目有不同特点，在具体项目的评价内容和指标的设定上，允许自行增加评价内容并设立评价指标，但应注意尽量提高评价的客观性。

表 3－3 项目运营管理评价汇总表

项 目	预期目标或指标要求	实际达成情况	评价结果	说明
项目组织管理				
档案资料管理				
运行与安全管理				
人员管理				
服务质量管理				
综合评价	—			

项目运营管理评价可在上述五个方面的评价内容和指标分析说明的基础上由评价专家小组直接汇总得出综合评价结果，也可以采用专家打分法给出项目运营管理评价结果。

3.6 环境影响评价

不同类型的市政项目应根据项目的具体特点对环境影响评价的内容和指标进行调整。通过问卷调查、专家调查等方式，建议不同专业市政项目环境影响评价的主要指标如下：

1. 供水项目：泥渣处置，噪声控制，水源地环境保护，取水对环境的影响，生产废水的处理及排放，生产污泥的处理及排放，生产废水综合利用等。

2. 排水项目：噪声控制，泥渣、污泥的处置及利用，沼气利用，厂（站）生活及生产废水处理，臭气处理，栅渣处置，水资源利用等。

3. 供热项目：排放的环境容量，环保设备水平，运行水平，水循环利用，凝结水回收，灰渣处理，废热、污染物排放，水土保持等。

4. 燃气项目：SO_2减排量，烟尘减排量，灰渣减排量，替煤量，CO_2减排量，NO_X减排量，厂站噪声控制，水土保持等。

5. 垃圾处理项目：烟尘、HCl、NO_X、SO_2、CO、Hg、Pb、Cd、烟气黑度、二噁英类等烟气排放，飞灰处理，噪声控制，恶臭控制，渗沥液排放出路等。

6. 城市道路项目：绿化面积率、施工期间环境影响状况、交通影响程度、照明照度、造型或景观、尾气污染、水土保持等。

7. 轨道交通项目：电磁污染、地下水污染状况、施工期间交通拥挤影响程度、交通噪声、对景观的影响等。

8. 城市绿化项目：CO_2吸收量、SO_2吸收量、O_2释放量、降温增湿、减弱噪声、抑制细菌及沙尘效果等。

3.6.1 污染物的排放控制指标包括污染排放指标和环境改善指标。对于关键环境指标，要求一票否决或达标率为100%。

达标率的计算可采用对比法，也可以采用公式对项目总体的环境指标达标率给出衡量，例如采用如下公式计算：

环境污染指标达标率 = 环境指标达标个数/（环境指标达标个数 + 环境指标未达标个数）×100%

环境改善指标达标率 = 环境改善指标达标个数/环境改善指标总数 × 100%

环境影响评价应在上述各项指标测算和对比分析说明的基础上由评价专

家小组直接汇总得出项目环境影响评价的结果，也可以采用专家打分法给出评价结果，参见表3-4。

表3-4　项目环境影响评价汇总表

项　　目	预期目标或指标要求	实际达成情况	评价结果	说明
污染物的排放控制				
资源综合利用				
环保措施的落实				
对生态环境的影响				
综合评价	—			

3.7　社会评价

基于对后评价活动投入规模限制的权衡考虑，同时也为了与目前市政项目可行性研究的深度相适应，社会评价主要进行社会效益评价和社会影响评价，同时对涉及征地拆迁、移民安置的市政项目所产生的社会影响作出适当评估。

3.7.1　市政项目产生的社会效益包括以下三个方面：

1. 对区域经济发展的贡献：包括项目促进当地区域经济发展，对GDP的贡献，带动区域产业和经济发展，创造产值，投资、生产环境改善状况等。

2. 对人民生活质量改善的贡献：包括居家环境质量，公共卫生条件，全民健康，居民休闲生活价值，对提高国民的人文素质贡献等。

3. 对创造就业机会的贡献：包括发展高科技、新兴产业，增加各级人才就业机会；发展本地化内需产业，缓解低技术工种中高龄工人失业问题；加速传统产业转型、升级，增加城市居民就业机会等。

3.7.2　社会影响效果

主要评价项目引起的征地拆迁、移民安置的落实情况，尤其应关注是否存在引发群体事件的隐患问题等。

项目的社会评价应在上述资料数据收集和分析说明的基础上由评价专家小组直接汇总得出项目社会效益评价的综合评价结果，也可以采用专家打分法给出综合评价结果，参见表3-5。

表3－5　项目社会影响评价汇总表

项　　目	预期目标或指标要求	实际达成情况	评价结果	说明
社会效益				
社会影响效果				
综合评价	—			

4 目标与可持续性评价

4.1 目标评价

项目效果评价主要是对项目技术水平、财务及经济效益、社会效益、环境效益等方面的评价；项目目标评价是对目标实现程度、差距及原因、持续能力等方面的评价。

不同类型的市政项目，项目性质和项目目标有其自身的特点，对项目进行目标评价时，应结合其特点有所侧重地进行，但一般都应包括工程目标、技术目标、经济目标、影响目标等四个方面。

1. 工程目标评价。通过对照项目初步设计的批复要求和实际完成的建设内容，评价项目工程目标的实现程度。包括对项目的建筑安装工程、设备安装调试、装置和设施试运行的实现程度等进行评价。

2. 技术目标评价。通过对项目的决策目标和实际达到的技术功能指标的对比，评价项目设计能力的实现程度。

3. 经济目标评价。通过对项目的决策目标和实际达到的财务和经济指标的对比，评价项目经济效益的实现程度。

4. 影响目标评价。通过对项目的决策目标和实际达到的各项影响指标的对比，评价项目资源环境影响、经济社会影响的实现程度。包括项目对国民经济、环境生态、社会发展所产生的宏观或长远的影响。项目影响目标评价的主要内容有：项目实现的社会贡献和影响（包括对当地投资环境、就业的影响，对区域内不同利益群体的影响，对区域内居民生活的影响，对地区自然环境综合利用的影响等），项目对自然资源利用和生态环境保护的影响（包括对大气环境、水环境、土壤环境、景观美学环境等方面的影响），对相关利益群体的影响评价（包括获益者群体和受损群体）。

4.2 可持续性评价

4.2.1 内部因素是指项目本身固有的对项目可持续发展有影响的因素，即与项目运行密切相关的因素。

1. 技术水平分析。分析项目在实施过程中采用的工艺技术是否合理，是否为项目的可持续发展奠定了良好的技术基础，分析各种技术的应用对项目的持续运营产生的影响。

2. 能耗及环保水平分析。一方面分析项目本身的三废污染治理情况是否满足当前国家和地方环保要求，另一方面分析项目能否在资源有限的情况下，持续运营并保持较好的产出效果。

3．人才素质分析。分析项目的人员配备状况和组成情况、人员培训的形式是否恰当，是否有利于发展个人能力，是否有利于形成良好的人才培养机制，是否可以满足项目可持续发展的需要。

4．财务状况分析。分析项目运营过程中自身实现的财务效益对项目持续运营的影响。

5．组织运营管理水平分析。分析项目的组织机构是否适当，管理水平是否满足项目运营要求，分析项目组织管理对项目持续运营和保持较好产出效果的影响。

4.2.2 外部条件是指项目外部的可能影响项目可持续发展的各种条件。

1．政策分析。分析与项目相关的各项政策法规对项目的影响。

2．城市发展规划分析。分析与项目相关的城市发展规划对项目的影响。

3．市场需求分析。分析市场对项目产品或服务的不同时期的需求状况，判断市场需求是否具有长期的稳定性。

4．政府行业监管分析。分析政府部门、行业协会的监管模式、监管制度对项目的影响。

5．定价机制分析。分析定价机制对项目的影响。

6．自然资源分析。分析项目所在地的各种自然资源对项目的持续运营和保持较好产出效果的影响，判断各种自然资源是否能维持项目的长期稳定运营。

7．生态环境分析。分析项目所在地的生态环境对项目的持续运营和保持较好产出效果的影响。

8．资金来源分析。分析项目所需资金来源是否可靠，是否能按时到位。

9．技术进步分析。分析社会技术进步是否能为项目的可持续发展提供进一步的技术支持，及其对项目产出效果的影响。

5 后评价结论与建议

5.1 评价结论

在项目后评价中，一般通过成功度评价来给出判定结果。成功度评价是根据项目各方面的执行情况并通过系统准则或目标判断表来评价项目总体的成功程度。具体成功度评价方法详见“后评价常用方法”部分。

表5－1为项目成功度评定表，此表仅供参考，具体项目可根据项目特点和实际情况作相应调整。

表5－1 项目成功度评定表

评定项目指标	相关重要性	评定等级	备注
1. 决策程序合规性			
2. 项目投资控制效果			
3. 项目进度控制效果			
4. 项目质量控制效果			
5. 卫生、安全、环境控制效果			
6. 项目技术效果			
7. 项目财务效益			
8. 项目经济效果			
9. 项目运营管理效果			
10. 项目环境影响效果			
11. 项目社会效益与影响效果			
12. 项目可持续性			
项目总评			

6 后评价的组织管理与实施

6.2 后评价的组织管理

6.2.2 市政项目开展后评价工作应主要从以下项目中选择：

1. 对节约资源、保护生态环境、促进社会发展有重大影响的项目。

2. 采用新技术、新工艺、新设备、新材料、新型投融资和运营模式，以及其他具有特殊示范意义的项目。

3. 使用中央预算内投资数额较大且比例较高的项目。

4. 社会舆论普遍关注的项目。

6.2.4 选择工程咨询机构并委托后评价工作。

1. 在后评价实施之前明确评价的范围和深度，并在委托合同中具体规定。

2. 在选择承担后评价任务的工程咨询机构时，宜根据项目的性质、复杂程度、评价要求、工作难度、经费情况以及评价机构的资质、能力和特点等因素来选择。

6.3 项目单位的实施

6.3.1 自我总结评价报告是项目单位对项目实施全过程的总结。

自我总结评价报告的主要内容包括：

1. 项目概况。包括项目目标、建设内容、投资估算、前期审批情况、资金来源及到位情况、实施进度、批准概算及执行情况等。

2. 项目过程回顾和总结。包括对前期决策阶段、准备阶段、建设实施阶段、运营阶段的回顾与总结。

3. 项目效果评价。包括技术评价、经济评价、环境影响评价、社会评价等。

4. 项目目标与可持续性评价。包括目标实现程度评价，目标适宜性评价，可持续性评价等。

5. 项目建设的主要经验教训和相关建议。

6.4 工程咨询机构的实施

6.4.1 组建项目后评价工作组，制订工作大纲。为保证评价工作的客观公正，项目后评价工作组应由未参与过此项目相关工作的人员组成。

项目后评价工作组应根据合同要求，拟定项目工作大纲。工作大纲包括评价对象、评价内容、评价方法、评价时间、工作进度、质量要求、经费预算、专家名单、报告格式等。

6.4.2 编制调研方案、组建专家组。项目调研是开展项目后评价工作的基础。

1. 调研方案的编制。应根据委托合同的要求，明确项目评价的内容和目的、范围，确定调研目的，有针对性的编制调研方案。调研方案包括调研时间、地点、对象、内容、方法、人员构成等。

2. 专家组的成员构成。后评价工作专家组的人员由“内部”和“外部”两部分组成。所谓“内部”就是承担后评价任务的工程咨询机构内部的专家，他们熟悉项目后评价的过程和程序，了解后评价的目的和任务，能使项目后评价工作顺利实施；所谓“外部”是指项目后评价工程咨询机构以外的独立咨询专家。聘请外部专家，能使项目后评价工作更具有客观性、公正性和专业性。同时，也可弥补项目工程咨询机构专业人员的不足。

3. 专家组的知识结构。市政项目评价涉及各学科知识、内容较多，一个完备的市政项目后评价专家组，应包括经济、工程技术、项目管理、市场预测和统计分析、社会评价等专家。

4. 专家组的分工组织。项目负责人应根据项目的特点和专家的专业（研究方向），对专家进行分组，确定各组的职责，一般分为管理组、技术组和经济组。

6.4.3 开展实地调研。

1. 收集资料。除国家和行业有关的规定和政策外，与项目相关的资料包括但不限于以下内容：

（1）决策依据文件：项目立项决策阶段的主要文件。

（2）项目实施文件：项目实施阶段的主要文件、报告和相关材料。

（3）项目运营资料：项目运营阶段的主要文件材料。

（4）自我总结评价报告。

2. 开展调查、了解情况。对于市政项目来说，可以按时间先后顺序，分别对项目筹建、项目建设、项目运营和项目效益等四个方面的情况进行调查。

（1）项目前期筹建及审批情况调查：包括项目的立项背景；立项阶段批复文件和批复内容；项目基本概况等。

（2）项目建设实施情况调查：包括项目法人组建、工程承包和技术设备引进和转让、投资计划完成与资金到位以及项目竣工验收等。

（3）项目生产运营情况调查：包括项目生产情况、产品市场销售情况等。

（4）项目效益情况调查：包括项目财务效益、社会效益及项目环境影响等。

3．资料分析。

（1）资料分析的基本思路：通过阅读文件、现场调查，对照项目原定的目标和指标，找出项目实施过程中的变化、问题及其影响；通过对变化和问题的分析，找出内部和外部的原因；通过原因的分析，提出对策建议；通过全面总结，提出可供借鉴的经验教训。

（2）通过分析，需要对以下问题得出结论：项目的总体效果如何，是否按照预定计划建设或建成，是否实现了预定目标，投入与产出是否成正比；项目的影响和作用如何，对国家、地区、生态、群众各有什么影响和作用；项目的可持续性如何，项目的经验和教训如何等。

6.4.4 撰写后评价报告。项目后评价报告是调查研究工作最终成果的体现。

1．后评价报告的撰写要真实反映情况，客观分析问题，认真总结经验。

2．后评价报告是反馈经验教训的主要文件形式，报告的编写需要有相对固定的内容及格式。后评价报告应包括项目概况、评价内容、主要问题、原因分析、经验教训、结论和建议等内容。

6.5 后评价成果的反馈

后评价成果的反馈是市政项目后评价工作发挥作用的关键，后评价反馈机制是项目评价体系中的一个决定性环节。

1．反馈对象：包括项目决策部门、项目管理单位、项目建设单位等。

2．反馈方式：包括书面文件、网络、会议等。

3．后评价成果应用的范围：包括项目投资政策、法规的制定，项目投资规划、计划的编制，新项目的立项、实施，续建项目的调整、修改等。

4．项目后评价反馈机制：通过项目后评价的反馈制度建设，保障后评价成果能应用在市政项目的决策和管理中。

7 后评价常用方法

7.2 逻辑框架法

1. 逻辑框架法的含义。逻辑框架法是用一张简单的框图，将一个复杂项目的几个内容相关、必须同步考虑的动态因素组合起来，按层次分析其内涵，得出项目目标和达到目标所需手段之间的因果逻辑关系，用以确定工作范围和任务，指导、管理和评价一项活动的工作方法。逻辑框架法的核心概念是事物层次间的因果逻辑关系，即“如果”提供了某种条件，“那么”就会产生某种结果；这些条件包括事物内在的因素和事物所需要的外部条件。

2. 逻辑框架法的实施。逻辑框架法通过逻辑框架表来应用实施，如表7－1所示。

表7－1 逻辑框架表

项目描述	对比验证指标			原因分析	可持续性	
	项目原定指标	实际实现指标	差异		内部因素	外部条件
目标						
目的						
产出						
投入						

7.3 调查法

1. 调查法的含义。调查法的目的可以是全面把握当前的状况，也可以是为了揭示存在的问题，弄清前因后果，为进一步的研究或决策提供观点和论据。

调查法大致包括“资料查阅”、“问卷调查”、“专家研讨会”、“访谈”及“现场调研”五种。在实际工作中，往往是这五种方法结合起来使用。

2. 调查法的实施。

（1）资料查阅法。资料查阅法属于间接调查，主要是通过查阅有关文献资料，获取相关的项目信息。后评价的信息调查一般都从查阅相关文献资料开始。资料查阅法通常都是和别的调查法结合起来使用，以求达到相互佐证的目的。

后评价采用资料查阅法时，主要收集与项目相关的各项文件资料，如项目建议书、项目可行性研究报告及评估报告、项目初步设计及审查报告、施工图设计、环境影响评估报告、竣工验收报告、相关的批复文件、项目审计报告和财务报表等。

（2）问卷调查法。问卷调查法是一种以书面提问的方式获取信息的方法，它要求所有被调查者按统一的格式回答同样的问题。问卷调查法所获得的信息易于定量，便于对比。

问卷一般以表格的形式，发送给项目单位相关人员填写。问卷应说明调查的目的和对被调查者的要求，问卷填写的方式。问卷中的问题可以采取开放或封闭或半开放、半封闭的形式。开放式问题对答案不提供具体内容，完全让被调查者用自己的语言回答问题，其优点是能获得比封闭式问题更多的信息，缺点是答案标准化程度低，不便定量和对比分析，还难免出现许多不准确甚至是答非所问的信息。封闭式问题就是调查者先规定问题的几个答案，再让被调查者选定自己认为适当的答案，通过这种调查获得的信息标准化程度高，便于定量和对比分析，但封闭式问题不利于被调查者充分表达自己的观点。在实践中往往采用半开放、半封闭式的问题，既便于定量和对比分析，又能获得较多的信息。

（3）专家调查法。由于后评价多种类型的项目，每类项目又涉及实施全过程的评价、效益和效果评价、技术水平和管理水平评价、影响和持续性评价等多方面内容，需要收集的信息资料繁多，需要进行的分析和评价广泛，项目评价者一般都有自己的特长，但不可能是全能的，因此在实际收集资料和进行分析评价时，常常要求助于相关专业的专家。专家研讨会法就是邀请有关专家开会，根据被评项目的后评价要求进行讨论，为项目评价提供各种各样的信息，形成综合的评价结论意见。

召开专家讨论会，不仅能获得项目信息，有时还能直接获得解决某些因项目所引发问题的办法或措施。专家研讨会一般在后评价过程中、在现场调研阶段组织专家召开。

（4）访谈法。访谈法又称为访问调查法，调查人员主要通过与被调查者口头交谈的方式，了解项目信息的方法。按被访问者的人数，访谈法分为个别访谈法和集体访谈法。

1）个别访谈法：对项目参与者、项目的利益群体及一些重要信息提供者的个别访谈，有助于全面了解项目可能涉及的各方面问题，更重要的是能了解项目目标群体的观点、态度、看法和感觉等“软”信息。

2）集体访谈法：召集被调查者开会讨论和交流，以收集相关信息。这是一种更省时、更高效的访谈法。它不仅能做到调查者和被调查者之间的交流，也能做到被调查者之间的交流。但一些涉及保密性的问题不宜在集体访谈中调查。

（5）现场调研法。现场调研法即调查者深入现场获取所需信息的方法，属于直接调查法。现场调研法的最大优点是它的直观性和可靠性。它的缺点一是获得的信息都带有一定的偶然性和表面性；二是受时空等条件的限制，许多信息不能或不宜进行现场参观和考察。所以在实际后评价调查中，现场调研法常和资料查阅法、问卷调查法等结合使用。

在后评价过程中，很多评价所需的信息资料都可通过现场参观考察和调研获得，现场调查者可以访谈项目相关人员、当地居民和官员，通过观察，能很快获得许多重要的信息。

7.4 对比法

1. 对比法的含义。后评价方法的一条基本原则是对比法，包括项目前后对比、有无对比、横向对比等。对比的目的是找出变化和差距，为提出问题和分析原因找到重点。

项目评价采用对比法时，一是要注意数据的可比性，二是更多地与其他项目进行对比，可以是同行业对比、同等规模对比、同地区对比等。

对比法包括“前后对比”、“有无对比”和“横向对比”，项目评价更强调有无对比。

（1）前后对比法。以建设项目可行性研究报告批复的结论和初步设计确定的技术经济指标，与项目后评价时点的评价结果相比较。采用前后对比法要注意前后数据的可比性。

（2）有无对比法。是指将项目实际发生的情况与若无项目可能发生的情况进行对比，以度量项目的真实效益、影响和作用。对比的重点是要分清本项目所起的作用和影响与项目以外因素所起的作用和影响。有无对比的关键是要求投入的代价与产出的效果口径一致。也就是说，所度量的效果要真正归因于项目。

（3）横向对比法。以项目建成的实际运行结果及在评价时点所作的预测，与同类项目的技术经济指标进行横向对比，以度量项目在行业内的技术、经济水平，评价其竞争力和持续发展能力。

2. 对比法的实施。对一个项目实施对比法时，通常有五个步骤，分别是确定评价时间，确定评价内容和评价指标，前后对比，有无对比，横向对比。

（1）确定评价时间。在对比法中，项目需要确定三个时间点。如图 7－1。对应于 T_1 的状态是项目开工 A，T_2 的状态是项目完工 B，T_3 对应了三个需要评价的状态，分别是项目的预测效果 C、项目的实际效果 D、无项目的实际效果

E。根据定义，“前后对比”是 D/A；“有无对比”是 D/E；“实际预期对比”是 D/C。

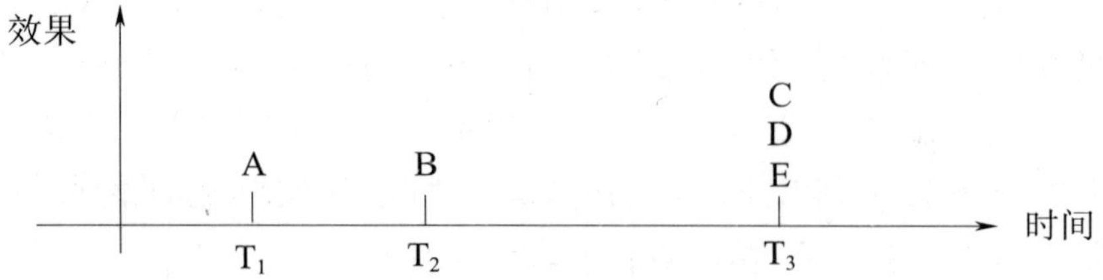

图 7－1　对比法评价时间示意图

T_1—项目开工时间；T_2—项目完工时间；T_3—项目评价时间

（2）确定评价内容和评价指标。衡量一个项目的效益，是从多个方面进行考核的，因此要确定考核的项目和相应的指标。这是围绕立项时的目的所确定的。

（3）建立前后对比表。前后对比表的建立比较简单，因为 A 和 D 的状态数据都是真实存在的，通过科学的方法收集资料即可直接获得。首先将各项指标值直接填写在表 7－2中，A 状态就是 T_1时点的数据。D 状态通常是从 T_3后选择一系列的等差 t 时间点，作为其判断依据；然后计算“前后对比”这一栏，这一栏是用项目建成后的值与项目建设前的值做差或者做比皆可；最后，再进行简单的统计计算，例如这几年的均值、方差、递增率等。这些计算结果可作为综合评判的依据。

表 7－2　项目前后对比表

时间	指标值	T_1	T_1	T_1	T_1	
项目前 A	指标 1					
	指标 2					
	……					
时间	指标值	T_3	T_3+t	T_3+2t	T_3+3t	
项目后 D	指标 1					……
	指标 2					
	……					
时间	指标值	T_3	T_3+t	T_3+2t	T_3+3t	
前后对比	指标 1					
	指标 2					
	……					

（4）建立有无对比表。有无对比表相对有些难度，因为无项目时的状态即 E 中涉及很多可能发生的情况，这些往往无法准确的判断，因此只能衡量与 E 状态尽可能近似的状态。通常采用“对照区”的方法。对照区是在项目地区之外的一个类似区域，在对照区中，除了没有该项目外，其他条件基本相同。值得注意的是这一状态的指标也是通过多个时点的值进行判断的。其他计算步骤与“前后对比”一致，填写有无对比表（见表 7－3），得出评价结果。

表 7－3　项目有无对比表

<table>
<tr><td>时间状态</td><td>指标值</td><td>T_3</td><td>T_3+t</td><td>T_3+2t</td><td>T_3+3t</td><td rowspan="10">……</td></tr>
<tr><td rowspan="3">无项目
E</td><td>指标 1</td><td></td><td></td><td></td><td></td></tr>
<tr><td>指标 2</td><td></td><td></td><td></td><td></td></tr>
<tr><td>……</td><td></td><td></td><td></td><td></td></tr>
<tr><td rowspan="3">有项目
D</td><td>指标 1</td><td></td><td></td><td></td><td></td></tr>
<tr><td>指标 2</td><td></td><td></td><td></td><td></td></tr>
<tr><td>……</td><td></td><td></td><td></td><td></td></tr>
<tr><td rowspan="3">有无对比</td><td>指标 1</td><td></td><td></td><td></td><td></td></tr>
<tr><td>指标 2</td><td></td><td></td><td></td><td></td></tr>
<tr><td>……</td><td></td><td></td><td></td><td></td></tr>
</table>

（5）建立横向对比表。建立横向对比表的难点主要在于选择合适的项目进行对比，同时要获取相关的数据。为真实反映项目在行业内的技术、经济水平，客观评价其持续发展能力，最好选择同行业、同等规模、同地区项目进行对比；用行业平均水平进行对比亦可。

表 7－4　项目横向对比表

<table>
<tr><td>时间状态</td><td>指标值</td><td>T_3</td><td>T_3+t</td><td>T_3+2t</td><td>T_3+3t</td><td rowspan="7">……</td></tr>
<tr><td rowspan="3">本项目
D</td><td>指标 1</td><td></td><td></td><td></td><td></td></tr>
<tr><td>指标 2</td><td></td><td></td><td></td><td></td></tr>
<tr><td>……</td><td></td><td></td><td></td><td></td></tr>
<tr><td rowspan="3">对比项目
D</td><td>指标 1</td><td></td><td></td><td></td><td></td></tr>
<tr><td>指标 2</td><td></td><td></td><td></td><td></td></tr>
<tr><td>……</td><td></td><td></td><td></td><td></td></tr>
</table>

续表 7-4

时间状态	指标值	T_3	T_3+t	T_3+2t	T_3+3t	
横向对比	指标 1					……
	指标 2					
	……					

7.5 专家打分法

1. 专家打分法的含义。专家打分法的目的就是对存在诸多不确定因素、采用其他方法难以进行定量分析的评价对象，通过综合专家的意见得出相对准确的评价结论。这一方法的作用就是对难以直接定量评价的项目，通过对主观评价的统计和调整，得出定量的结果。

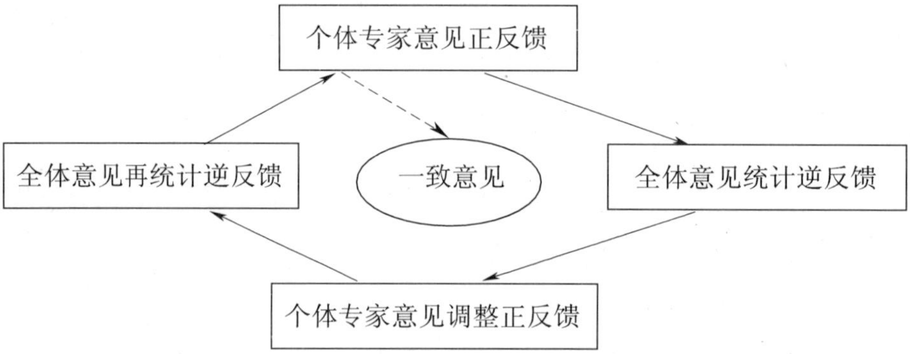

图 7-2 专家打分流程示意图

2. 专家打分法的实施。应用专家打分法通常包括七个步骤：

（1）根据项目的要求匿名随机选择 7～9 名责任心强、水平高的该领域专家。

（2）组织者根据项目情况确定评价内容和评价指标，制定评价表，见表 7-5。

（3）向专家寄送项目背景资料和评价表，以匿名方式征询专家意见。

（4）专家将个人意见正反馈给组织者，组织者对专家意见进行分析汇总。

（5）将有较大争议的评价表和统计结果逆反馈给每位专家。

（6）专家参考整体意见修正自己的意见，再次正反馈给组织者。

（7）经过多轮匿名征询和意见反馈，在最后一次整理专家意见的基础上，形成最终分析结论。值得注意的是多轮打分后统计方差如果不能趋于合理，应当慎重使用专家打分法结论，可以结合其他评价方法的结果再进行评价。

表7-5　专家打分评价表

序号	项目	权重	调查情况	标准分值	打分分值
一	目标1	%		*	
1	指标1	%		*	
2	指标2	%		*	
……	……			*	
二	目标2	%		*	
……					

7.6　综合指标体系评价法

1. 综合指标体系评价法的含义。综合指标评价的最终目的是对一个复杂项目进行合理评价，得出一个总体的评价结果。综合评价是一种较为繁琐的评价方法，评价过程中使用的方法是多样的，综合评价可以在其他方法得到的结果上再加以运用。市政项目是一种耗时耗力、平衡多方主体利益的复杂项目，可运用综合指标体系评价法得出一个合理的综合评价结果。

2. 综合指标体系评价法的实施。综合指标体系评价法包括四个主要步骤，分别是评价指标的构建、指标权重的确定、单指标评价、综合评价。

（1）评价指标的构建。这是综合评价法的第一步，也是核心步骤。在进行项目后评价时，由于存在多种因素以不同方式共同作用，影响着项目总体的目标或效果，可将这些因素组成相应的层次，上一个层次的因素对相邻的下一个层次的全部或某些因素起着支配作用，将这些因素作为评价指标，并形成层次结构指标体系。

指标是衡量投资项目态势的尺度，是投资项目综合质量和数量的测度。因此指标体系是项目综合评估对象系统的结构框架，是综合反映项目投资状态、发展趋势的一组具有内在联系的指标。

指标体系的科学性和权重的合理性直接决定了项目综合评价结果的质量。

（2）指标权重的确定。构建层次结构的指标体系之后，需要对各层次各指标的相对重要性给出判断。权重集即各个指标在指标体系中重要程度的集合，如何消除过多的人为影响因素，并确定各指标的权重，是综合评价研究的重要内容。对重要的指标可赋予较大的权重，相对次要的指标可赋予较小的权重。权重的确定方法主要有主观赋权法、客观赋权法以及主客观相结合等方法。

（3）单指标评价。可应用数学方法进行单指标的评价。对于定量指标，有定义过的计算公式，可通过直接代入公式得出。对于定性指标，评价者只能通过自己的专业知识和实践经验进行判断，如专家打分法。

（4）综合评价。可运用模糊数学的方法进行模糊层次综合评价。这是综合评价法中最繁琐的一步，需要进行大量的计算，也可借助于计算机程序完成。因为评价指标包括定量指标和定性指标，可对无法精确计量、具有模糊性和不确定性的指标进行模糊评价，最终用模糊数学的方法来处理大型复杂项目的综合评价。

7.7 项目成功度评价法

1．项目成功度评价法的含义。成功度评价的目的是为项目实施后给出准确直观的总体定性评价结果。项目成功度评价运用的核心方法就是评价者主观的对于项目的判断，实施起来简单方便。成功度评价是以逻辑框架法的项目目标的实现程度和其他方法评价结论为基础，以项目的目标和效益为核心进行的系统评价。

2．项目成功度评价法的实施。成功度评价标准分为五个等级，分别为完全成功、基本成功、部分成功、不成功和完全失败。每个标准的判断规则都从目标和成本两方面进行，具体如下：

（1）完全成功。项目的各项目标都已经全面实现甚至超额实现，项目取得了巨大的效益和影响。

（2）基本成功。项目的大部分目标已经实现，项目达到了预期的效益和影响。

（3）部分成功。项目实现了原定的部分目标，项目只取得了一定的效益和影响。

（4）不成功。项目实现的目标非常有限，项目几乎没有产生什么正效益和影响。

（5）完全失败。项目目标根本无法实现，项目不得不终止。

项目成功度可通过项目成功度测定表来进行，见表 7－6。评定时，采用打分制。并且用 A、B、C、D、E 表示。最后，对指标重要性和等级用加权平均的简单综合，就可以得到整个项目的评定等级，也就是项目成功度，也可用 A、B、C、D、E 简单表示。关于备注栏，是不同的主体根据自己的需求填写，没有固定的规则。

表 7－6　项目成功度测定表

项目的评价指标	重要性程度	评定等级	备注
指标 1			
指标 2			
指标 3			
……			
总评			

附录1:市政公用设施建设项目后评价报告参考文本格式

______________________________项目

后评价报告

编制单位________________

______年______月

后评价报告编制单位资质证书

参加项目后评价人员名单和专家组人员名单

目录

报告摘要

一、项目概况

概述项目业主、项目性质、建设地点、建设内容、建设目标、实施效果、资金来源、项目总投资等内容。

二、项目主要评价结论

三、经验教训和建议

附表1　成功度评价表

评定项目指标	相关重要性	评定等级	备注
1. 决策程序合规性			
2. 项目投资控制效果			
3. 项目进度控制效果			
4. 项目质量控制效果			
5. 卫生、安全、环境控制效果			
6. 项目技术效果			
7. 项目财务效益			
8. 项目经济效果			
9. 项目运营管理效果			
10. 项目环境影响效果			
11. 项目社会效益与影响效果			
12. 项目可持续性			
项目总评			

附表2　逻辑框架表

决策层次	对比验证指标			原因分析	可持续性	
	项目原定指标	实际实现指标	差异		内部因素	外部条件
目标						
目的						
产出						
投入						

报告正文

一、项目概况

（一）项目情况简述

概述项目建设地点、项目业主、项目性质、特点，以及项目开工和竣工时间。

（二）项目决策要点

项目建设的理由，决策目标和目的。

（三）项目主要建设内容

项目建设的主要内容，决策批准生产（服务）能力，实际建成生产（服务）能力。

（四）项目实施进度

项目周期各个阶段的起止时间，时间进度表，建设工期。

（五）项目总投资

项目立项决策批复投资、初步设计批复概算及调整概算、竣工决算投资和实际完成投资情况。

（六）项目资金来源及到位情况

资金来源计划和实际情况。

（七）项目运行及效益现状

项目运行现状，生产能力实现状况，项目财务经济效益情况等。

二、项目过程评价

（一）项目前期决策阶段评价

对项目前期决策阶段的主要内容进行回顾与总结，包括项目建议书的编制、评估和批复，项目可行性研究报告（或资金申请报告）的编制、评估和批复，以及环保、水资源等其他重要手续的批复手续，结合评价要点进行分析与评价。

（二）项目准备阶段评价

对项目准备阶段的主要内容进行回顾与总结，包括项目勘察，项目初步设计的编制、审查和批复，项目招投标、资金筹措方案、开工准备等，结合评价要点进行分析与评价。

（三）项目建设实施阶段评价

对项目准备阶段的主要内容进行回顾与总结，包括工程建设管理、项目合同管理、工程项目控制、项目资金到位和使用、设计变更和变更设计、工程监理、项目试运行、项目竣工验收等，结合评价要点进行分析与评价。

（四）项目运营阶段的回顾与总结

对项目运营阶段的主要内容进行回顾与总结，包括项目生产能力和技术水平、项目的经济效益、项目运营管理、项目的环境影响、项目的社会效益等。

三、项目效果评价

（一）技术评价

1. 项目的技术选择，包括场址、工艺路线、技术方案和设备选择的合理性等。

2. 项目产能及功能目标实现程度。包括项目产出提供的服务规模和能力指标等。

3. 项目资源利用效果。包括节能、减排、节水等效果指标。

4. 项目其他技术指标，包括技术安全、新技术、新工艺应用效果等。

不同类型的市政项目可结合行业特点选择适宜指标进行评价，具体可参考条文说明3.3。

（二）经济评价

1. 对经营性市政项目，主要评价内容有：项目财务分析、项目经济分析。

项目财务分析。包括项目投资分析、运营成本和收入分析、财务持续能力分析、项目现金流量分析。评价指标包括投资、财务成本、项目运营财务收支比、项目运营自偿率、项目投资财务效益等指标。

项目经济分析。项目经济分析指标包括项目投资经济内部收益率（*EIRR*）和经济净现值（*ENPV*）变化率指标。

项目费用效果分析指标采用效果费用比率或单位投资的产出表示。

2. 对非经营性市政项目，主要评价内容有：项目财务分析中的投资分析和运营成本分析、项目经济分析。

（三）运营管理评价

1. 组织管理。包括项目运营期间的组织机构、管理体制、运营机制、规章制度及经费落实等方面的情况。

2. 档案资料管理。包括工程项目档案及运营资料的完整性和准确性等。

3. 运行与安全管理。包括运营服务安全和风险管理、突发事件和事故处理能力、项目设施设备利用效率和维修保养状况等。

4. 人员管理。包括员工学习及成长、人力资源状况、劳动生产率、服务成本、员工培训人数百分比等。

5. 服务质量管理。包括项目的服务质量状况、服务质量信息反馈与处理机制、服务对象的满意度等。

（四）环境影响评价

包括污染物的排放控制、资源综合利用、环保措施的落实、对生态环境的影响。

1. 污染物的排放控制。包括废气、废水、垃圾、噪声等排放控制指标。

2. 资源综合利用。包括对水资源、土地资源等自然资源的综合利用。

3. 环保措施的落实。包括对项目环境影响评价文件确定的环保措施是否落实、处理措施是否达到预期效果、项目施工和运营期间对环境所造成的实际影响等。

4. 对生态环境的影响。包括对大气环境、气候、水土保持、生物多样性的影响等。

不同类型市政项目环境影响评价的内容和指标具体可参考条文说明3.6。

（五）社会评价

包括项目的社会效益和社会影响效果评价。

社会效益包括项目对区域经济发展和区域均衡发展的贡献，项目对当地居民生活质量改善目标的实现程度，项目对创造就业机会目标的实现程度等。

社会影响效果包括项目引起的征地拆迁，移民安置的落实情况，公众对项目决策的参与度及对项目成效的满意度等。

四、项目目标和可持续性评价

（一）项目目标评价

对项目的工程目标、技术目标、经济目标、影响目标实现程度的分析与评价。

（二）项目可持续性评价

在当前经济社会环境条件下，根据项目现有的信息和资料，对项目在后评价时点之后的可持续发展能力进行预测评价，可从影响项目运行的内部因素和外部条件两方面进行分析和评价。

1. 内部因素。包括项目的技术水平、能耗及环保水平、人才素质、财务状况、组织运营管理水平等。

2. 外部条件。包括政策、城市发展规划、市场需求、政府行业监管、定价机制、自然资源、生态环境、资金来源、技术进步等。

五、项目后评价结论和主要经验教训

（一）项目成功度评价

（二）后评价主要结论

（三）主要经验教训

六、对策建议

从项目、企业、行业、宏观等多个层面，提出可借鉴、可操作并具有指导意义的对策与建议。

附件：

1. 有关委托、招标、评审、批复等主要文件的复印件

2. 专题报告（如果有）

附录2：城市道路项目后评价报告参考文本格式

______________________项目

后评价报告

编制单位______________

______年______月

后评价报告编制单位资质证书

参加项目后评价人员名单和专家组人员名单

目录

报告摘要

一、项目概况

概述项目业主、项目性质、建设地点、建设内容、建设目标、实施效果、资金来源、项目总投资等内容。

二、项目主要评价结论

三、经验教训和建议

附表 1　成功度评价表

评定项目指标	相关重要性	评定等级	备注
1. 决策程序合规性			
2. 项目投资控制效果			
3. 项目进度控制效果			
4. 项目质量控制效果			
5. 卫生、安全、环境控制效果			
6. 项目技术效果			
7. 项目财务效益			
8. 项目经济效果			
9. 项目运营管理效果			
10. 项目环境影响效果			
11. 项目社会效益与影响效果			
12. 项目可持续性			
项目总评			

附表 2　逻辑框架表

决策层次	对比验证指标			原因分析	可持续性	
	项目原定指标	实际实现指标	差异		内部因素	外部条件
目标						
目的						
产出						
投入						

报告正文

一、项目概述

（一）建设项目概况

项目的起讫点（位置），项目业主、项目性质、特点，以及项目开工、竣工、通车时间，突出反映项目的特点。

附图：项目竣工平纵面缩图（比例为 1/10 万～1/20 万，内容同初步设计文件要求）。

（二）项目决策要点

项目建设的理由，决策目标和目的。

（三）建设标准、规模及主要技术经济指标。

（四）项目实施进度

项目周期各个阶段的起止时间，时间进度表，建设工期。

（五）项目总投资

项目立项决策批复投资、初步设计批复概算及调整概算、竣工决算投资和实际完成投资情况。

（六）项目资金来源及到位情况

资金来源计划和实际情况。

二、项目过程评价

（一）项目前期决策阶段评价

对项目前期决策阶段的主要内容进行回顾与总结，包括项目建议书的编制、评估和批复，项目可行性研究报告（或资金申请报告）的编制、评估和批复，以及环保、水资源等其他重要手续的批复手续，结合评价要点进行分析与评价。

（二）项目准备阶段评价

对项目准备阶段的主要内容进行回顾与总结，包括项目勘察，项目初步设计的编制、审查和批复，项目招投标、资金筹措方案、开工准备等，结合评价要点进行分析与评价。

（三）项目建设实施阶段评价

对项目准备阶段的主要内容进行回顾与总结，包括工程建设管理、项目合同管理、工程项目控制、项目资金到位和使用、设计变更和变更设计、工程监理、项目试运行、项目竣工验收等，结合评价要点进行分析与评价。

（四）项目运营阶段的回顾与总结

1．服务能力。包括运营交通量（含路段及各互通立交出入交通量）、车速等运行参数的调查情况。分析实际交通量与预测交通量的差别及其原因。

2．运营管理。包括项目运营阶段各项制度、规定和程序的制定与管理，机构的设置及其功能、组织形式和作用，人力资源的管理及配置，分析项目运营管理效果。

3．配套及服务设施情况。建设项目配套及服务设施（包括通信、安全防护设施、标志标线、监控系统等）的设计、方案比选及其实施情况，分析其设置的必要性和科学性、合理性。

三、项目效果评价

（一）技术评价

包括通行能力、设计车速、安全度、交通安全管理设施配置率、防灾等级、道路等级、路宽、绿化情况、桥梁结构、使用年限等评价指标。

（二）经济评价

可参考《公路建设项目经济评价方法与参数》，根据通车运营的实际车速、经济成本等各项数据，进行项目的经济费用效益分析，并与决策阶段预测的结论比较，分析其差别及原因。

（三）运营管理评价

1．组织管理。包括项目运营期间的组织机构、管理体制、运营机制、规章制度及经费落实等方面的情况。

2．档案资料管理。包括工程项目档案及运营资料的完整性和准确性等。

3．运行与安全管理。包括运营服务安全和风险管理、突发事件和事故处理能力、项目设施设备利用效率和维修保养状况等。

4．人员管理。包括员工学习及成长、人力资源状况、劳动生产率、服务成本、员工培训人数百分比等。

5．服务质量管理。包括项目的服务质量状况、服务质量信息反馈与处理机制、服务对象的满意度等。

（四）环境影响评价

对照项目前评估时批准的《环境影响报告书》，重点从项目建设所引起的区域生态平衡、环境质量变化及自然资源的利用和文物保护等方面评价项目环境影响的实际效果。

评价指标包括：绿化面积率、施工期间环境影响状况、交通影响程度、照明照度、造型或景观、尾气污染、噪声、水土保持等。

（五）社会评价

1．项目对区域经济发展、生产力布局和区域均衡发展的描述及预期目标达成情况。

2．项目对当地居民生活质量改善目标的达成情况。

3．项目对创造就业机会目标的达成情况。

4．项目引起的征地拆迁量、移民安置的落实情况。

四、项目目标和可持续性评价

（一）项目目标评价

对项目的工程目标、技术目标、经济目标、影响目标实现程度的分析与评价。

（二）项目可持续性评价

从可持续发展的角度，根据项目运营的实际和潜在情况，对影响项目运行的内部因素和外部条件两方面进行分析，预测与评价项目可持续发展的能力水平。

1．内部因素。包括项目运行机制、组织运营管理水平、服务情况等。

2．外部条件。包括政策法规、社会经济发展、管理体制、城市路网状况及规划、配套设施建设等。

五、项目后评价结论和主要经验教训

（一）项目成功度评价

（二）后评价主要结论

（三）主要经验教训

六、对策建议

从项目、行业、宏观等多个层面，提出可借鉴、可操作并具有指导意义的对策与建议。

附件：

1. 有关委托、招标、评审、批复等主要文件的复印件（略）
2. 专题报告（包括交通量分析与预测、经济评价等）（略）